◎ 机械里的科学课

这就是火箭
This is the rocket

克克罗带你认识机械

上尚印像 / 编绘

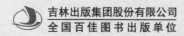

吉林出版集团股份有限公司
全国百佳图书出版单位

星星可比我们看到的大多了，有些比地球还要大。对了，太阳也是星星。由炽热气体组成、能自己发光的天体叫作恒星。而我们生活的地球不会发光，属于行星。

太空里的奥秘就像星星一样数也数不清，想探寻这些奥秘，就要用火箭才行。火箭是能把人造卫星、宇宙飞船等送入太空的运载工具。在人类对太空的探索中，火箭起着至关重要的作用。快跟我一起了解一些关于火箭的知识吧！

这就是火箭
THIS IS THE ROCKET
克克罗带你认识机械

跟我一起来了解火箭知识吧！

克克罗小课堂：越来越近的太空梦

当我们仰望星空的时候，好像伸手就能摘到星星。其实星星离我们的距离超乎我们的想象，到底怎样才能进入太空，近距离观察星星呢？

克克罗一直有一个太空梦，他幻想自己穿着航天服在一颗颗星球之间快乐地穿梭。可是想要进入太空并不容易，虽然太空就在距海平面 100 千米之外，但地球引力让我们没有办法轻松到达。（引力是存在于任何物体之间的相互吸引的力。）克克罗多希望可以有一种交通工具载着自己进入太空啊！

汽车·轮船·飞机，还是……

在陆地上的速度还是可以的！

汽车主要在陆地上行驶，以汽车的行驶速度是没办法挣脱地球引力的，太空是去不了了，还是另想办法吧！

地球表面大部分被海洋覆盖着，船舶可以在海上航行。不过它们的速度比汽车还要慢，远远无法达到进入太空所需要的速度。离开海洋，有些船只甚至无法行驶，就更别说进入太空了，还是开着船去钓鱼吧！

来一次环球旅行吧！

飞机就比较复杂了！

飞机的飞行速度能达到每小时900千米，是不是已经很快了？可它还是不能带着克克罗去太空，因为太空里面没有空气，飞机的发动机就会失灵，贸然进入太空可是很危险的！

火箭来啦！

火箭就不同啦！火箭可以满足一切进入太空的条件，足够的速度和独特的动力系统，可以轻松地把人造卫星、动物，甚至是人类送入太空。随着航天技术的成熟，火箭已经可以把人类送到月球上了。看来克克罗的太空梦就快实现啦！

来吧，我可以带你进入太空！

火箭太棒啦！

火箭是从哪儿来的？

宋朝时，烟花爆竹就已经十分流行了，夜晚常能看到漂亮的烟花在天空中绽放。不过也有人觉得这些火药制品十分危险。

那时候战争频发，有人对这种看起来有些危险的火药制品产生了兴趣。要是能把火药变成武器用在战场上就好了。

经过试验，军官岳义方和冯继升想到了一个好主意，他们把装满火药的竹筒绑在箭上，这种威力强大的武器就是火箭的雏形。

随着这种武器在战争中的推广和改进，火药迅速发展起来，也为火箭的诞生打下了基础。

到了元朝，用火药制成的武器通过战争传播到了世界各地，中国的火箭技术让全世界都感到惊讶。

要想探索太空，火箭是必不可少的运载工具！

1926 年，美国发明家罗伯特·戈达德将液体燃料放在火箭里作为推动力，发明了液体火箭。为了纪念他，月球上的一座环形山就是以他的名字命名的。

1942 年，德国的 V2 火箭试验成功，它是一种弹道导弹，在战场上给对手带来了沉重的打击。同时 V2 火箭也为日后研究能飞入太空的航天运载火箭打下了基础。

随着火箭技术的成熟，越来越多的国家意识到了火箭的重要性。1959 年，美国、苏联发射了各自的运载火箭，都想领先对手发展航天科技。

1965 年，苏联又发射了质子号运载火箭。

1970 年，长征 1 号运载火箭发射成功，从此中国也拥有进入太空的能力啦！

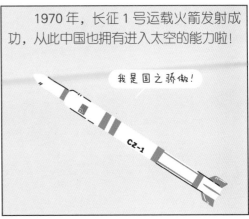

克克罗小课堂：火箭为什么能冲进太空？

火箭作为重达几十到几百吨的大块头，却能摆脱地球的引力，一飞冲天，它是怎么做到的呢？嘿嘿，其中缘由很简单，举个例子你就会明白啦！

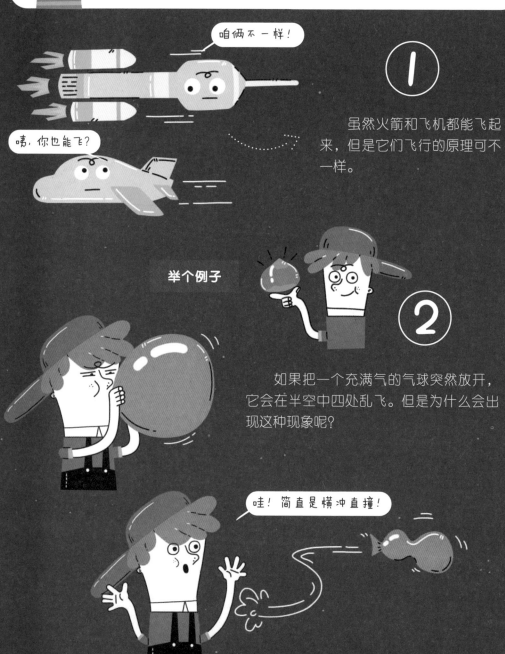

① 虽然火箭和飞机都能飞起来，但是它们飞行的原理可不一样。

② 如果把一个充满气的气球突然放开，它会在半空中四处乱飞。但是为什么会出现这种现象呢？

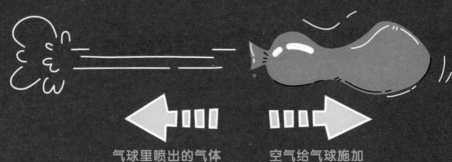

气球里喷出的气体
对空气的作用力

空气给气球施加
的反作用力

3 那是因为气球被松开的时候，里面的气体喷射出来，同时也给了
气球一个相反的力，就是这个相反的力在推动气球飞起来。

4

推进器可以
喷出高压火
焰气体

反作用力产生
的推力大于火
箭受到的重力

火箭的燃料燃烧后会产生
大量的气体，这些气体从火箭
尾部喷射出来，像极了气球被
突然放开的样子。这些气体给
了火箭一个相反的力，从而推
动火箭向上飞，当这个力比火
箭受到的重力还要大的时候，
火箭就飞上太空啦！

我上天的原理和
气球向前飞行的
原理一样！

5 火箭虽然是复杂精密的运载工具，
但是它升上太空的原理其实很简单。

火箭上的"神器"大揭秘

　　火箭需要强大的气流提供源源不断的力量才能冲进太空，完成把航天器送入轨道的任务。为了安全而顺利地完成这项伟大的使命，设计师对火箭的外部结构进行了精妙的设计。

　　长征2号F型运载火箭曾把中国第一艘实验飞船神舟1号送进太空，它是中国的骄傲。现在，就让我们以它为例，揭秘运载火箭精密的外部构造吧。

一级火箭

　　一级火箭装有单独发动机和燃料，在助推器脱离火箭之后，就由它继续推动火箭上升。

助推器

　　助推器里有大量的燃料，它通常在火箭的最底部，会把火箭送到指定的高度，然后它的使命就结束了，这个时候助推器就会脱离火箭。

整流罩

整流罩具有像鸟儿身体一样的流线型外观，可以更好地减小空气阻力，减轻载荷影响。航天器就放在整流罩里，有了它的保护，航天器就不会受损。

逃逸塔，又叫逃生塔。火箭发射时，如有意外发生，它会确保航天员瞬间逃生并安全返回；如无意外发生，火箭发射 120 秒后它会准确脱离箭体。

逃逸塔

就像接力比赛一样，一级火箭在工作结束后脱离火箭，紧接着二级火箭开始工作。

二级火箭

克克罗时间

火箭的外部结构由很多部分组成。它们在火箭升空的过程中不断地为火箭提供向上的动力。虽然这些机械设备没有生命，却演绎了动人的无私奉献精神。

火箭都在太空干什么？

火箭虽然奔向遥远的太空，却与我们的生活联系紧密。你知道火箭都有哪几类，能为我们做什么吗？

运载火箭的应用领域

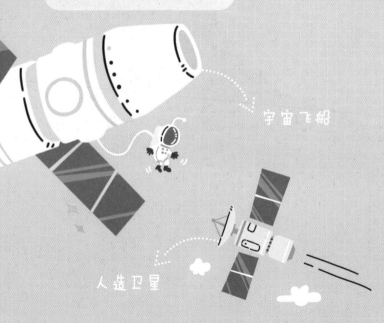

宇宙飞船

人造卫星

运载火箭

　　运载火箭是人类发展航天技术的重要帮手，它的作用就是把航天员和各种航天器送入太空，再把完成太空工作的航天员接回地球。

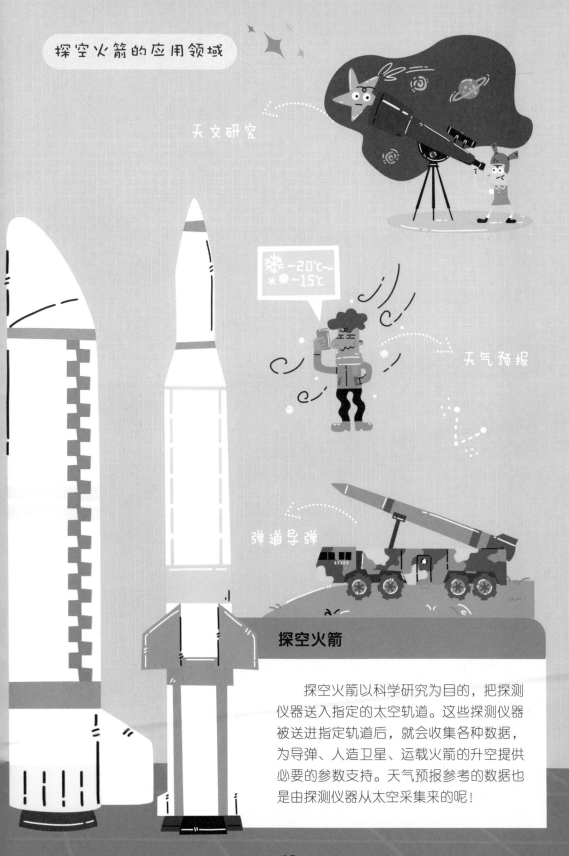

天文研究

❄ -20℃~
☀☁ -15℃

天气预报

弹道导弹

探空火箭

探空火箭以科学研究为目的，把探测仪器送入指定的太空轨道。这些探测仪器被送进指定轨道后，就会收集各种数据，为导弹、人造卫星、运载火箭的升空提供必要的参数支持。天气预报参考的数据也是由探测仪器从太空采集来的呢！

火箭上的"乘客"

除了航天员，各种各样的航天器也是火箭上常见的"乘客"，它们都是谁，去太空干什么呢？让我选几位代表，给你介绍一下吧。

1 空间探测器

空间探测器主要用于探索宇宙中其他的星球和文明。在漫长的任务周期内，它靠太阳能为自己补充电量，还能在无人操控的情况下按照计划独立执行任务。说不定哪天，它就会和外星人偶遇啦！

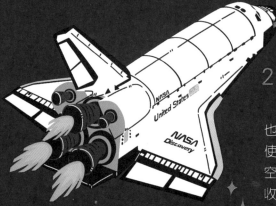

2 航天飞机

航天飞机的外形很像我们常见的飞机，也有机身和机翼。它是可以飞回地球，重复使用的航天器，在太空中能完成很多工作：空间运输、运送卫星入轨、在轨道上修理或收回卫星等等。

3 人造卫星

人造卫星是与人类关系最密切的航天器，我们日常的生活已经离不开它了。把人造卫星送到指定的高度，它就可以围绕地球飞行了。车载导航、天气预报都离不开人造卫星的帮忙。

太空真美！

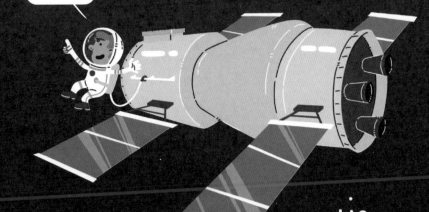

4 宇宙飞船

宇宙飞船可以把航天员送入太空，再载着航天员顺利返回地球。1961 年，苏联的东方 1 号宇宙飞船第一次把人类送进了太空，开启了人类探索宇宙的新篇章。

"乘客"里的 VIP——宇宙飞船

在众多的火箭"乘客"里，宇宙飞船堪称VIP。作为主要的载人航天器成员，它由轨道舱、返回舱、推进舱和太阳能帆板构成。快来和克克罗近距离参观一下吧。

宇宙飞船的构造

返回舱

和汽车的驾驶室一样，返回舱就是宇宙飞船的驾驶室。

推进舱

推进舱里有发动机和燃料，有了推进舱，宇宙飞船才能在太空中飞行。

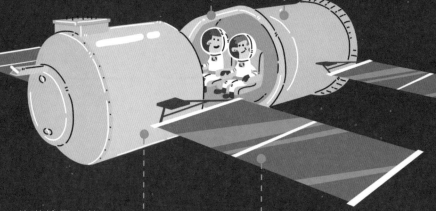

轨道舱里有航天员的生活用品和电子设备，但是要在宇宙飞船飞行平稳后航天员才能进去。

太阳能帆板可以将太阳能转化为电能，为宇宙飞船提供能源。

轨道舱

太阳能帆板

宇宙飞船搭乘运载火箭进入太空，航天员完成任务后就会搭乘返回舱返回地球。轨道舱会继续留在轨道上工作一段时间。

返回舱返回地球的过程

1 返回舱与推进舱分开，推进舱的使命在这时已经完成了。

2 返回舱进入大气层，准备回家啦！

3 这个时候打开降落伞，降低返回舱下落的速度。

4 返回舱底部的反推装置启动，再次让下落速度变得缓慢。

5 返回舱终于安全地回到了地球上。

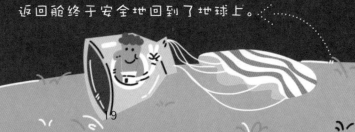

火箭是怎么发射的？

　　火箭在万众瞩目下腾空而起，这是多么激动人心的场面啊！可是你知道吗，火箭的发射工作很复杂，需要很多人倾注大量的精力，工作不能有一点儿失误才行。直到观测到火箭成功地将航天员或航天器送入太空，大家才能放下悬着的心，迎来胜利欢呼的那一刻。

1 发射场上的气球可不是用来做游戏的，那是高空探测气球，用来收集天气数据。

这里装的是氢气或氦气.

2 火箭发射前，需要很多工作人员运用专业技术调试设备，虽然技术人员无法进入太空，但他们的工作一样伟大。

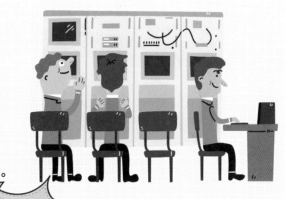

我来看看你到哪里了.

3 火箭升上太空后还需要通过仪器来进行跟踪，所以跟踪设备的调试也很重要。

中国有五大航天发射基地，分别为太原卫星发射中心、西昌卫星发射中心、酒泉卫星发射中心、中国东方航天港和海南文昌卫星发射中心。

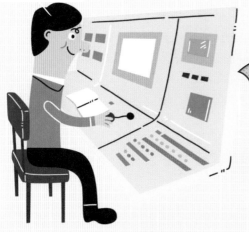

燃料检查完毕！

4

火箭的燃料是让火箭升入太空最重要的物质，所以检查燃料加注时一定要十分仔细。

5

天气也会影响火箭的发射，所以在火箭发射前一定要收集准确的天气数据。

天气不错，适合升空。

6

检查发射塔是火箭升空前最后的工作了，认真检查之后，火箭就会带着我们的希望飞入太空啦！

中国航天

准备工作结束了，火箭的太空之旅终于要启程啦！这枚火箭上的"乘客"是一艘宇宙飞船，让我们来看看火箭到底是怎么把它送入太空的吧。

1 火箭起飞　　000 秒

火箭起飞前经过了一系列精细的检查，最后确认一切无误后开始升空。

2 抛逃逸塔　　120 秒

火箭已经运行一段时间了，发射过程一切正常，航天员无须回到地面。在危险时刻负责乘载航天员返回地面的逃逸塔失去作用，可以与火箭分离了。

3 助推器分离　　140 秒

助推器把火箭送入指定的高度后，也完成了任务，可以与火箭分离了，以减轻火箭的负担。

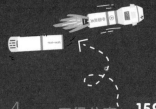

5 整流罩分离 **200 秒**

当火箭穿过大气层之后，整流罩分离，里面的宇宙飞船会继续飞行。

6 船箭分离

火箭的主要作用就是把宇宙飞船送入太空，当到达太空之后，火箭就要和宇宙飞船说再见啦！

4 一、二级分离 **159 秒**

当一级火箭的燃料用完后，它的使命也完成了，所以它也会离开火箭。这时二级火箭开始工作。

7 发射成功

太阳能是宇宙飞船最好的能量来源，宇宙飞船到达太空中的轨道后，两侧的太阳能帆板可以将太阳能转化成电能，这时宇宙飞船就可以开始工作了。

不愧是"金牌火箭"！

克克罗时间

自 2000 年 10 月 31 日发射我国第一颗北斗导航试验卫星起，截至 2020 年 6 月 23 日，长征 3 号甲系列运载火箭共完成 44 次发射任务，将 4 颗北斗导航试验卫星、55 颗北斗导航卫星成功护送升空，发射成功率 100%，因此长征 3 号甲系列运载火箭也被称为北斗导航工程的"专属列车"。

火箭在大气层中的奇妙旅行

宇宙飞船搭乘着火箭实现了太空之旅。旅行是圆满的，但旅途中精彩纷呈的景象也不容错过！让我们也来见识一下地球的大气层吧，它简直像一块千层大蛋糕！

极光多出现在南极和北极地区，是一种十分美丽的自然现象。

航天飞机的飞行高度远比普通的飞机要高很多，可以穿过大气层。

臭氧层中的臭氧会阻隔大量来自太阳的紫外线，它就像是地球的"遮阳伞"。

陨石要穿过大气层才能到达地球，但是陨石在这个过程中会和大气摩擦并燃烧起来，大部分陨石在落到地面之前就已经烧光了。

臭氧层

直升机的飞行高度有限，只能到达对流层。

外逸层

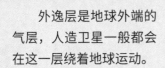

外逸层是地球外端的气层，人造卫星一般都会在这一层绕着地球运动。

热层

返回舱正穿过大气层，准备着陆。

运载火箭也会在外逸层工作。

中间层

平流层

卡门线（外太空与地球大气层的分界线）与地面相距 100 千米，这条线外就是外太空了。

对流层

平流层的气流比较平稳，所以飞机一般会在这一层飞行。

到月亮上去 —— 阿波罗计划

1960 年，阿波罗计划第一次被提出，但是因为资金等多方面的原因，这个计划并没有真正开始实施。

1961 年，苏联航天员尤里·加加林成为人类历史上第一个进入太空的人。这让美国备受打击，当时的美国总统宣布要将人类送到月球上去。

1967 年，阿波罗 1 号在演习时发生意外，三名航天员不幸葬身火海。

一时的失败并不会阻挡人类前进的脚步，在意外发生后，阿波罗计划仍在继续。

1969 年，阿波罗 11 号宇宙飞船成功进入太空，里面除了三名航天员外，还承载着人类的期盼。

阿波罗 11 号进入月球轨道，一切都在按计划进行，人类离踏上月球的那一刻越来越近了。

在希腊神话里，阿波罗是太阳神。

阿波罗11号的指令舱与登月舱分离，开始了在月球降落的准备。

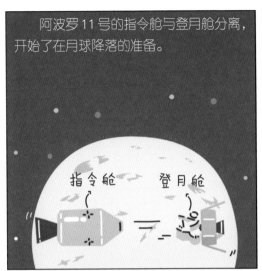

指令舱　登月舱

航天员阿姆斯特朗和奥尔德林驾驶登月舱，平稳地在月球表面着陆。此刻，和他们同行的科林斯独自在指令舱中守候。

阿姆斯特朗通过无线电向地球上的控制室传来了他们在月球成功着陆的消息。

成功着陆！

太棒了！

阿姆斯特朗成为第一个登上月球的人。

UNITED STATES

奥尔德林也踏上了月球，二人在月球拍摄了照片并开始进行下一步工作。

看这里！

最后，三名航天员结束了任务并成功返回地球，这是人历类史上第一次登月。

Yeah！

"你好，月球，地球人来啦！"
——阿波罗11号登月，了不起的里程碑事件

阿波罗 11 号宇宙飞船第一次将人类送上了月球，跨出了对太空探索坚实的一步。在这个历时近 9 天的航天任务中，人类终于对向往已久的月球有了近距离观察，在执行任务时收集的数据都十分珍贵，也为日后人类对太空的研究和探索打下了基础。

阿波罗 11 号登月舱

登月舱是直接降落在月球上的设备，可以容纳两个航天员在里面工作。正是有了登月舱的帮助，人类才可以第一次站在月球上向地球问好。

阿波罗 11 号徽章

徽章上的白头海雕是美国的国鸟，而它抓着的又是象征着和平的橄榄枝，所以这个徽章的寓意就是"这是一次以和平为目的的登月"。

上升级

APOLLO 11

UNITED STATES

下降级

登月的三名航天员

执行此次任务的航天员分别是指令长尼尔·阿姆斯特朗、指令舱驾驶员迈克尔·科林斯和登月舱驾驶员巴兹·奥尔德林。不过真正登上月球的是阿姆斯特朗和奥尔德林，但科林斯一样伟大，在登月的历史上同样有属于他的辉煌。

我一直独自停留在指令舱中接应。

迈克尔·科林斯

我是第二个走出登月舱的！

巴兹·奥尔德林

这是我个人的一小步，是全人类的一大步。

尼尔·阿姆斯特朗

第一位成功登月的航天员

阿姆斯特朗是人类历史上第一位成功登上月球的航天员，不仅在航天员中成为明星一般的存在，也是人类的骄傲。而他留在月球上的那一枚脚印成为人类航天发展史上最耀眼的符号。

中国火箭"天团"

我们中国也有自己的骄傲——长征系列运载火箭！这一系列的运载火箭是我国自主研发、设计和建造的，从长征 1 号到长征 11 号，它们帮助中华民族一次又一次实现飞天梦。随着我国科技力量越来越强大，这支中国火箭"天团"的队伍也越来越壮大。快来欣赏它们帅气的身影！

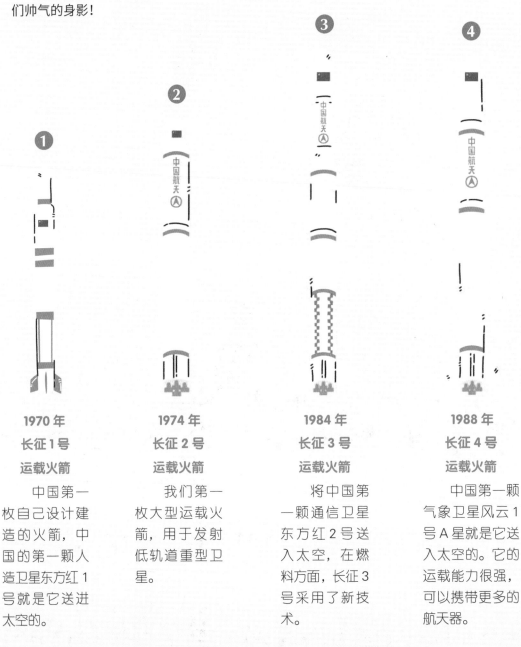

1970 年
长征 1 号
运载火箭

中国第一枚自己设计建造的火箭，中国的第一颗人造卫星东方红 1 号就是它送进太空的。

1974 年
长征 2 号
运载火箭

我们第一枚大型运载火箭，用于发射低轨道重型卫星。

1984 年
长征 3 号
运载火箭

将中国第一颗通信卫星东方红 2 号送入太空，在燃料方面，长征 3 号采用了新技术。

1988 年
长征 4 号
运载火箭

中国第一颗气象卫星风云 1 号 A 星就是它送入太空的。它的运载能力很强，可以携带更多的航天器。

了不起的中国制造

2020 年 11 月 24 日，长征 5 号遥 5 运载火箭成功将嫦娥 5 号月球探测器发射到太空。嫦娥 5 号月球探测器成功登月后，完成了迄今为止世界上最复杂的航天任务，使中国成为第三个从月壤采样带回地球的国家，这标志着中国航天的巨大进步。

1990 年

长征 2 号 E

运载火箭

是我国第一型捆绑式运载火箭，为我国运载火箭进入国际发射服务市场起到了重要的推动作用。

1994 年

长征 3 号甲

运载火箭

火箭中的"劳动模范"，不仅可以把航天器送得更高、更远，而且发射次数也很多。北斗导航卫星、嫦娥 1 号月球探测器等都是它送入太空的。

1996 年

长征 3 号乙

运载火箭

火箭中的"大力士"，负责运载一些重量比较大的卫星和探测器。

1999 年

长征 2 号 F

运载火箭

主要用于发射神舟系列载人飞船，所以它的可靠性很高，是最安全的火箭之一。

国人民都为之动容，这是强大国力的体现。其中，令人印象最深刻的要数神舟 5 号将航天员杨利伟成功送入太空。

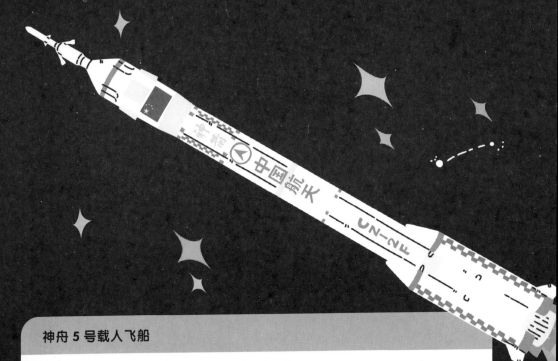

神舟 5 号载人飞船

　　神舟 5 号是中国发射的第一艘载人航天飞船。它的成功发射不仅让中国真正迈入了航天大国的行列，还成了全球航空航天事业的里程碑事件！

2005 年 10 月 12 日

神舟 6 号飞船发射，搭载着费俊龙和聂海胜两名航天员，还有全国人民的希望进入了太空。

2008 年 9 月 25 日

神舟 7 号飞船发射，这一次执行任务的是翟志刚、刘伯明和景海鹏三名航天员。这次任务实现了中国航天员的第一次太空漫步。

2012 年 6 月 16 日

神舟 9 号飞船发射，刘洋作为中国第一位进入太空的女性航天员，与另外两名男性航天员共同执行任务，顺利对接天宫 1 号。

2013 年 6 月 11 日

神舟 10 号飞船发射，由聂海胜、张晓光和王亚平三名航天员共同执行任务，并且再次与天宫 1 号成功对接。

2016 年 10 月 17 日

神舟 11 号飞船发射，景海鹏和陈冬两名航天员在太空完成了 30 天的驻留任务。

了不起的中国制造

2021 年 10 月 16 日，神舟 13 号载人飞船发射成功，顺利将 3 名航天员送入太空，开启为期 6 个月的在轨驻留。中华民族的飞天梦想在一代代航天人的努力下正在逐步变为现实，说不定未来你也会成为中国航天人的一分子！

航天英雄杨利伟的故事

杨利伟从小就对天空十分着迷,他希望自己可以像小鸟一样在天空中自由飞翔。

1987年杨利伟成为一名空军飞行员,离他的梦想越来越近了。

中国相关部门提出了载人航天计划。1992 年,载人航天工程被正式批准。

任何成功都和努力分不开,杨利伟在成为预备航天员之后就开始了严格的训练。

坚持了 5 年多的刻苦学习之后,杨利伟和其他 13 位优秀飞行员正式成为中国第一代航天员。

神舟 5 号载人飞船实现了中国的载人航天梦，而杨利伟就是我们心中的航天英雄！

随着我国发射的神舟 1 号、神舟 2 号、神舟 3 号、神舟 4 号宇宙飞船全部取得成功，载人航天计划的条件也越来越成熟了。

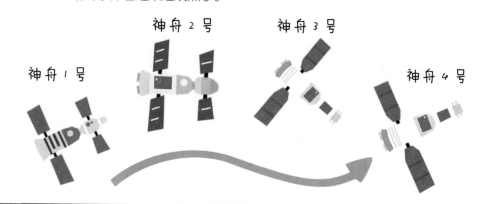

正是有了之前神舟 1 号到神舟 4 号宇宙飞船发射成功的经验，神舟 5 号终于成了一艘载人宇宙飞船。

欢迎搭乘！

经过层层测试和对综合能力的考核，杨利伟成为最适合进入太空的人选，他最终被选为神舟 5 号的航天员。

当杨利伟进入神舟 5 号宇宙飞船，中华民族几千年来的飞天梦想终于要变成现实了。

2003 年 10 月 15 日是个值得铭记的日子，神舟 5 号成功升空，太空即将迎接第一位中国客人。

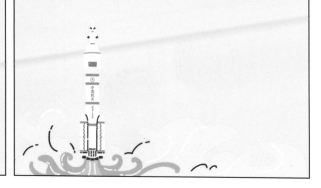

神舟 5 号发射成功，控制室里响起了欢呼声，整个中国也是一片欢腾。

神舟 5 号飞船按照计划进入到指定的位置，一切都在顺利进行。

神舟 5 号报告，整流罩打开正常！

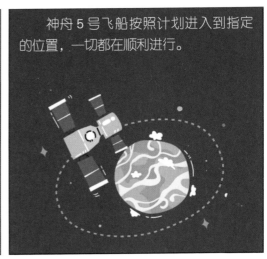

午饭时间到了，杨利伟开始在飞船内用餐。在太空环境里，食物虽简单，吃起来却并不容易，但他很享受这顿不寻常的午餐。

吃过饭后，杨利伟要开始工作啦！他熟练地控制着飞船。

一场"天地对话"在国防部长曹刚川和杨利伟之间展开，这是中国的声音第一次从太空传回地球。

祖国和人民期盼着你凯旋！

我一定努力工作！

杨利伟在舱内展示了中国国旗和联合国旗帜，中国一直履行着作为世界大国的义务和责任。

和平利用太空，造福全人类。

任务快要结束了，神舟 5 号该"回家"了。北京航天指挥控制中心向正在太空飞行的神舟 5 号飞船发出返回指令。

神舟 5 号飞船成功在轨飞行 14 圈后返回地球。返回舱成功着陆。

早就在地面上等待神舟 5 号"回家"的工作人员在第一时间找到了返回舱，当杨利伟从返回舱出来后，受到了全国人民的热烈欢迎。

在神舟 5 号成功发射并返回后，中国成为第三个把人类送入太空的国家。神舟 5 号的成功是一个良好的开端，太空的奥秘正在等着我们去探索。

你想当一名航天员吗？

你知道吗，太空环境和地球上的环境有很大的不同，没有氧气，也没有舒适的温度。如果想要在太空中对宇宙飞船或者其他设备进行维修，航天员就必须穿上航天服。现在我们就来了解一下有关航天服的知识吧！

手套有两层，分别是压力手套和内部舒适手套。

头盔的材质需要具有抗压、耐热等优点。

面窗应具有良好的光学性能。

太空喷气背包里的氮气可以帮助航天员在没有重力的太空中控制移动的方向。背包上还有照明设备，方便航天员工作。

电控台上主要是一些电器设备的开关，方便航天员工作。

太空中没有氧气，气液组合插座可以为航天员提供氧气。

电脐带的主要作用是方便航天员之间的沟通，而且还能当作备用的安全绳。

安全绳是连接航天器和航天员的安全设备，可以承受1吨的重量。

气液控制台一般用来控制氧气、温度等，让航天员保持健康状态。

"飞天"舱外航天服示意图

航天员都来自哪里

由于太空环境特殊，所以对航天员的要求很高。中国目前的航天员都曾是空军的飞行员。

航天员需要经过哪些培训

想要成为一名合格的航天员，要掌握足够多的知识，比如火箭和宇宙飞船的构造和原理，还要积累模拟飞行的时间，这个过程起码要三到五年。

我国首批航天员的选拔条件

1. 年龄在 25—35 周岁。
2. 身高在 1.6—1.72 米。
3. 体重在 55—70 千克。

NASA 的相关知识

NASA 是美国国家航空航天局的简称。NASA 领导的"阿波罗登月计划"让它享誉世界。

登陆太空的第一名航天员

世界上登陆太空的第一名航天员是尤里·加加林，登陆太空的第一名女性航天员是瓦莲金娜·捷列什科娃，他们都是苏联的航天员，同时也是世界航天史上了不起的人物。

航天员在太空中是怎么生活的？

目前，进入太空的人类都是肩负科研任务的航天员，也许在不久的将来，太空旅行就会成为现实。你是不是也想成为第一批太空游客呢？不过，太空的环境和地球上的环境有很大的区别，现在就让我们了解一下太空的环境吧。

太空中没有氧气和重力，所以在太空中行动都十分不易。不过航天员在经过长时间训练之后，完全可以适应太空生活。

航天员如何吃饭、喝水？

航天员无论吃饭还是喝水都需要用到特殊的工具和容器，在没有重力的环境里还要避免食物和水飘散，如果食物和水接触到精密的仪器设备，就会对它们造成一定程度上的损害。

航天员如何睡觉？

航天员通常是在睡袋中休息，这些睡袋会固定在舱壁或者天花板上。虽然看起来有些滑稽，但是在太空环境里，航天员并不会感到不舒服。

航天员如何呼吸？

宇宙飞船或者航天服内的生命保障系统可以制造氧气，维持航天员的呼吸。当然，航天员也会携带一定数量的氧气瓶，避免发生意外。

空间站上最危险的工作是什么？

空间站上有一些工作需要航天员在太空中完成。太空中有许多危险因素，比如极端的温度和各种突发事件，所以在太空中行走是十分危险的。

克克罗小课堂：
关于火箭，你可能不知道的那些事

我们已经了解了关于火箭的很多知识了，但还有一些小秘密我想你也一定很好奇，那么，就跟着克克罗一起来揭开这些秘密吧。

火箭到底有多高？

世界上最大的火箭是土星 5 号运载火箭，足有 110 米高，相当于 36 层楼。而最小的火箭是日本研发的 SS-520 火箭，高度仅 9.5 米。

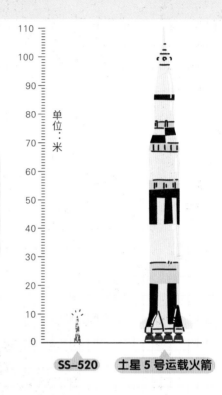

单位：米

SS-520　　**土星 5 号运载火箭**

火箭到底有多重？

最重的火箭有 3038.5 吨，相当于 1000 多头亚洲象的总重量，它的推力可达 3408 吨；最轻的火箭重 10.2 吨，相当于 3—4 头亚洲象的总重量，但它只能将 1.48 千克重的人造卫星送入近地轨道。

可以去参观卫星发射基地吗？

虽然卫星发射基地一般都位于偏远地区，但我们还是可以去参观的。比如文昌卫星发射中心，那里就十分适合我们参观，学习与火箭及航天相关的知识。

我一定要见证这个伟大的时刻！

我来啦！

人类是否可以移民到其他星球呢？

人类天生具有开拓探索精神，太空移民一直是人类的梦想，但由于航行条件并不成熟，而且直到目前为止也没有寻找到除地球之外适合人类居住的星球，这个梦想一直没有实现。不过，随着人类对太空的不断探索以及航天技术的进步，相信太空移民在不远的将来会成为现实！

火箭需要航天员驾驶吗？

火箭并不需要航天员来驾驶，因为所有运行都是设计好的。但宇宙飞船就不同了，它有手动模式和全自动模式，全自动模式不需要航天员驾驶，手动模式就需要航天员来驾驶了。

上过太空的除了人类，还有什么生物？

目前进入到太空的不仅有人类还有动物。在 1959 年发射的火箭木星AM-18 号的太空舱（飞船进入轨道后航天员工作与生活的场所）里就有一只松鼠猴和一只恒河猴。除此之外，一些植物的种子也曾经历过短暂的太空旅行。

我要上太空！

火箭升空时，掉下来的"渣"是什么？

这些"渣"其实是火箭外部的保护层。因为火箭在发射升空时会和大气层摩擦产生热量，保护层可以有效地保持整流罩内部的温度，这样整流罩内部的各种电子设备就不会因为高温而发生故障了。

火箭是如何被运到发射台的？

由于火箭体积较大，所以运输过程比较麻烦。一些部件必须平放在火车、装甲车或是轮船上才可以运输。当然，飞机也是运输火箭的重要交通工具。

拜拜，我回家了！

如何处理火箭残骸？

火箭的作用就是把航天器送入太空，之后它就完成了任务，变成了残骸。这些残骸大部分会回到地球上，被工作人员收集起来。还有些已经进入到太空的残骸就会永远留在那里，成为太空垃圾。

火箭只能从陆地上发射吗？

火箭并不是只能在陆地上发射，它能从海面上、潜水艇上，甚至是空中发射，只是在地面上发射火箭更安全一些。

宇宙大畅想

或许在不久的将来，去太空旅行就像我们去郊外游玩一样简单，说不定还能在其他星球上建立适合我们生存的世界，快来和克克罗说一说你对太空家园的想法吧！

我们会在地球和其他星球之间建立穿梭隧道，也许我们会居住在地球上，但是要到别的星球去工作呢！

当我们真正移民到另一个星球的时候，我们就会在该星球开发土地，种植作物，就像我们在地球上一样。

46

　　未来的火箭会如同我们今天的汽车、飞机和船舶一样，成为日常生活中的交通工具。不过，火箭和其他的交通工具不一样的地方是，它是"星际飞船"，可以搭载人们从一个星球快速去往另一个星球。

嘿！

　　当我们可以移民到其他星球上的时候，我们肯定会在外星生物探索领域取得新的成就。说不定，我们会发现其他外星生物，和它们做朋友呢！

图书在版编目（CIP）数据

这就是火箭 / 上尚印像编绘. -- 长春 ： 吉林出版
集团股份有限公司，2021.4（2022.3重印）
（机械里的科学课）
ISBN 978-7-5581-9846-5

Ⅰ. ①这… Ⅱ. ①上… Ⅲ. ①火箭—儿童读物 Ⅳ.
①V475.1-49

中国版本图书馆CIP数据核字(2021)第043959号

ZHE JIUSHI HUOJIAN

这就是火箭

编　　绘：上尚印像
责任编辑：孙　婷
封面设计：上尚印像
营销总监：鲁　琦
出　　版：吉林出版集团股份有限公司
发　　行：吉林出版集团青少年书刊发行有限公司
地　　址：长春市福祉大路5788号
邮政编码：130118
电　　话：0431-81629793
印　　刷：晟德（天津）印刷有限公司
版　　次：2021年4月第1版
印　　次：2022年3月第4次印刷
开　　本：720mm×1000mm　1/16
印　　张：3
字　　数：60千字
书　　号：ISBN 978-7-5581-9846-5
定　　价：20.00元